ODS 2 Hambre cero
Capítulo 1

El Objetivo de Desarrollo Sostenible #2 es «Hambre cero». Su objetivo es eliminar el hambre, garantizar la seguridad alimentaria y mejorar la nutrición de todas las personas. Además, busca promover prácticas de agricultura sostenible en todo el mundo.

En el 2023, más de 2.3 mil millones de personas vivían con inseguridad alimentaria moderada o grave. La Organización de las Naciones Unidas (ONU) indica que esta inseguridad es causada por el cambio climático, los conflictos en todo el mundo y la desigualdad.

El ODS Hambre cero tiene un enorme impacto en la vida de los estudiantes de todo el mundo porque el acceso a la alimentación influye directamente en su salud, su educación y la estabilidad de sus familias y comunidades. La comida no solo es necesaria para sobrevivir; el acceso a una alimentación digna es un derecho humano básico.

Para comprender cómo podemos combatir este problema global, podemos pensar en José Andrés, un chef que ha dedicado su vida a combatir el hambre. José Andrés no se limita a hablar del problema: actúa. Visita los lugares más afectados por la inseguridad alimentaria, prepara comida para quienes la necesitan y no se va hasta que la comunidad puede alimentarse sin su ayuda.

El chef José Andrés es de España, de la **comunidad autónoma**[1] de Asturias. Emigró a Estados Unidos cuando tenía 21 años. Trabajó en Washington, D.C., donde fue reconocido como un gran chef. Su trabajo es celebrado por llevar la cocina española a la gente de Estados Unidos.

Es famoso por su curiosidad, optimismo y generosidad. Tiene un fuerte sentido de responsabilidad y cree que las personas estamos para ayudarnos mutuamente. Esta ideología impulsa su pasión por ayudar a la gente

[1]**comunidad autónoma** - autonomous community

a través de World Central Kitchen (WCK), su organización benéfica.

La vida de José Andrés **ha sido**[2] influenciada por la comida. Para su familia y su comunidad, la alimentación siempre fue muy importante. Cuando era joven, hacía paella con su papá, y hoy continúa cocinándola en su programa de televisión, presentando al mundo la riqueza de la comida tradicional española.

José Andrés recibió su formación culinaria en el restaurante español elBulli, donde trabajó con el famoso chef Ferran Adrià. Allí aprendió disciplina, precisión y creatividad, gracias a las técnicas innovadoras de Adrià. Su experiencia en elBulli no solo lo convirtió en un chef excepcional, sino que también le enseñó a pensar de manera innovadora. Más tarde usó esta innovación para alimentar a comunidades en situación de crisis.

[2] **ha sido -** has been

En el 2010 ocurrió un evento que cambió la vida de José Andrés para siempre. A las 16:43 de la tarde, un devastador terremoto de magnitud 7.0 afectó Haití. El epicentro fue cerca de Puerto Príncipe, la capital. Después del terremoto, millones de personas ya no tenían casa y la infraestructura de todo el país estaba destruida, causando una crisis de hambre de proporciones épicas.

José Andrés decidió ir a Haití. No tenía un plan definido, pero quería ayudar como voluntario y alimentar a las personas que tenían hambre. Al llegar, se dio cuenta rápidamente de que la comida no solo **llenaba**[3] estómagos, sino que también daba esperanza en medio del desastre.

[3]**llenaba** - filled

Capítulo 1

Estar en medio de ese desastre le permitió comprender mejor cómo funciona realmente la ayuda en estas situaciones. La ayuda del gobierno no siempre llega rápido: hay mucha burocracia y no hay mucho dinero. Las personas que tienen hambre no pueden esperar por los documentos correctos ni por sistemas perfectos. Se dio cuenta de que los chefs locales y los ingredientes locales pueden ser muy importantes para el proceso de reconstrucción.

Para empezar, trabajó con los chefs locales para preparar los alimentos que las personas de Haití estaban acostumbradas a comer. José Andrés considera importante servir platos que sean familiares y que les gusten a las personas que están viviendo una crisis.

Además, instala sus cocinas directamente en la zona de desastre y no en un sitio más seguro. De esa manera puede usar ingredientes locales, apoyar la economía del lugar y alimentar al mayor número posible de personas afectadas.

En el 2010, el chef José Andrés fundó la World Central Kitchen. Su equipo era pequeño e incluía a su esposa Patricia. La misión de WCK era, y es, usar la comida para salvar vidas durante las crisis. Esto es especialmente importante para la familia de José Andrés porque todos

ellos creen que la comida es mucho más que las calorías que contiene: es confort, dignidad y conexión, especialmente en los momentos más difíciles.

En WCK consideran que las comunidades afectadas por desastres deben participar activamente, y no solo como receptores pasivos de la ayuda. Además, creen que la asistencia debe ser rápida, adaptarse a las necesidades específicas de cada situación y estar presente en el epicentro del desastre.

Sus primeros proyectos incluyeron cocinas escolares y espacios seguros para preparar alimentos en Haití. También respondieron a desastres en la República Dominicana, Zambia y Nicaragua. Estos proyectos iniciales demostraron que un enfoque rápido, práctico y comunitario puede transformar profundamente la forma en la que se brinda ayuda cuando hay una crisis. WCK se expandió rápidamente gracias a su modelo único e innovador. Sus miembros llegan con rapidez a los países que necesitan ayuda, muchas veces antes que otras organizaciones benéficas mucho más grandes. Además, instalan sus cocinas cerca de las personas que más necesitan alimentos. Esto permite que más gente tenga acceso a la comida. También usan ingredientes locales y contratan a chefs y trabajadores de la región.

El modelo funciona porque apoya las economías locales, respeta las tradiciones culinarias de cada cultura y crece rápidamente gracias al apoyo de la comunidad. Otra característica que hace única a WCK es que sirve alimentos **frescos y calientes**[4], mientras que muchas otras organizaciones ofrecen comidas empaquetadas.

[4] **frescos y calientes -** fresh and warm

impACTO

José Andrés es muestra de que la pasión de una persona puede tener un impacto global. Los chefs, y no solo los políticos o las grandes organizaciones benéficas, pueden generar cambios reales. WCK es un modelo de creatividad, valor y humanidad.

ODS 3 Salud y bienestar
Capítulo 2

La primera riqueza es la salud. —Ralph Waldo Emerson

En muchas partes del mundo, una herida, una enfermedad o una operación pueden convertirse en una crisis de vida o muerte. El Objetivo de Desarrollo Sostenible #3 busca garantizar la salud y el bienestar de todas las personas. Además, promueve una vida saludable para personas de todas las edades.

A nivel global, hay millones de personas que no tienen acceso a servicios médicos ni a atención preventiva. Hay enfermedades prevenibles como la malaria, la tuberculosis y el **sarampión**[1], pero muchas personas siguen muriendo a causa de estas enfermedades porque no tienen acceso a agua potable ni a vacunas para los niños.

En muchas regiones, los niveles de mortalidad de madres y bebés son elevados por la falta de acceso a tratamientos modernos y a instalaciones médicas bien equipadas.

[1]**sarampión** - measles

Además, en zonas afectadas por conflictos o desastres, el acceso a servicios de salud es prácticamente imposible.

El ODS número 3 es importante porque la salud es la base de toda comunidad estable. Cuando la población es saludable, la economía funciona mejor. Sin acceso a servicios de salud, el ciclo de pobreza continúa para las familias más vulnerables.

Uno de los grupos que realiza un trabajo fundamental para proteger la salud de las personas en el mundo es la organización Médicos Sin Fronteras (MSF). Esta organización ofrece servicios médicos en lugares a los que otras organizaciones no quieren o no pueden acceder, como zonas afectadas por crisis. MSF es una organización humanitaria independiente, neutral e internacional que no solo trata a sus pacientes, sino que también genera conciencia sobre las necesidades médicas a nivel mundial.

La organización MSF tiene varias características importantes, como su independencia financiera. Gran parte de sus fondos **provienen**[2] de pequeñas donaciones y no del gobierno. Esto le permite responder rápidamente a las crisis y entrar con su equipo médico entre 24 y 72 horas después de que ocurre una emergencia.

Además, es neutral: ayuda a todas las personas sin importar su raza, religión o ideología política. Está presente en más de 70 países y sus voluntarios incluyen miles de médicos,

[2] **provienen** – they come from

enfermeros, farmacéuticos, **ingenieros hídricos**[2] y otros profesionales humanitarios.

La organización fue fundada en 1971 gracias a un grupo de médicos y reporteros de Francia que ya no podía estar en silencio. Observaron que, durante desastres nacionales, la ayuda **tardaba**[3] muchos días en llegar, y la gente sufría o moría. Creían que los médicos debían poder ingresar a las zonas afectadas para salvar vidas sin necesidad de autorización oficial, y que tenían la responsabilidad de revelar las injusticias y atrocidades que observaban.

Hoy, los profesionales de MSF continúan trabajando en esa misión cada día. Responden con rapidez a desastres naturales, como terremotos, tsunamis y huracanes, y a epidemias peligrosas, como el ébola y el cólera. Ingresan a zonas de conflicto como Gaza, Siria y Sudán del Sur, y también ayudan a refugiados en campamentos de países como Kenia, Bangladesh y Grecia, donde miles de personas lo han perdido todo.

Llegan a estos lugares con equipos de médicos, **cirujanos**[4] y enfermeros especializados que trabajan bajo condiciones de extrema presión. MSF no solo envía especialistas en heridas físicas, sino que también incluye psicólogos y profesionales de la salud mental que escuchan a personas

[2] **ingenieros hídricos** - hydraulic engineers
[3] **tardaba** - it took
[4] **cirujanos** - surgeons

afectadas por la guerra, la pérdida y el miedo. Para las mujeres embarazadas, llevan especialistas en salud materna, incluso en los lugares más peligrosos del mundo.

Su labor no se limita a la medicina. MSF también contribuye a reconstruir la infraestructura básica que las personas necesitan para sobrevivir, como el servicio eléctrico, el acceso a agua potable y hospitales móviles que se pueden instalar en cuestión de horas. La organización crea espacios de vida, esperanza y atención médica.

Médicos Sin Fronteras tiene un impacto verdaderamente global. En Bangladesh, ha ayudado a miles de refugiados que escaparon de la violencia con solo la ropa que llevaban. Allí, MSF construyó hospitales que salvaron vidas, brindó atención a mujeres embarazadas y cuidó bebés. Además, llevó vacunas y apoyo en salud mental a personas que vivían con miedo, trauma e inseguridad todos los días.

impACTO

Durante la guerra civil en Siria, MSF llevó a cabo una labor todavía más peligrosa. Construyó hospitales secretos para ayudar a las víctimas de bombardeos y ataques. En lugares donde los sistemas **gubernamentales**[5] no funcionaban y la ayuda no podía ingresar, los profesionales de MSF continuaron trabajando, protegiendo a la gente y salvando vidas, sin importar que su propia seguridad estaba en riesgo.

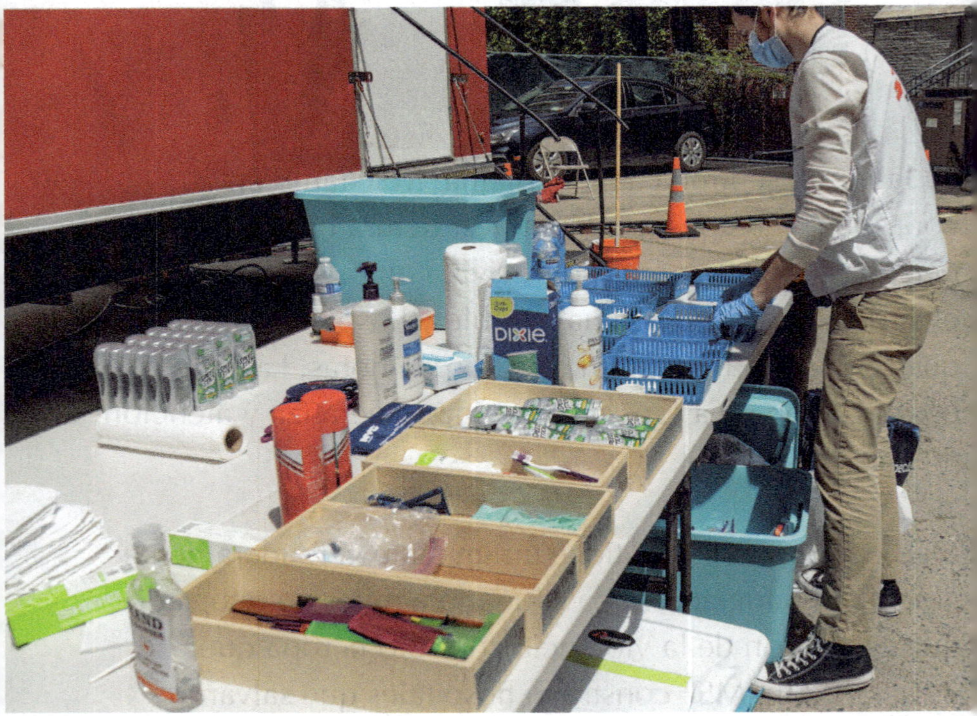

[5] **gubernamentales** - governmental

MSF tiene una conexión directa con el ODS número 3 porque contribuye a garantizar una vida más saludable para las personas que viven en zonas de conflicto y de desastre. Esta organización ofrece acceso a servicios médicos al llegar a lugares donde no existen. A través de campañas de vacunación rápidas, ayuda a prevenir epidemias. Además, cuida la salud materna, infantil y mental de las personas que viven en situaciones de peligro, y también la de sobrevivientes de trauma, violencia y desplazamiento. El trabajo de estos médicos es un claro ejemplo de cómo se puede proteger la salud de las personas en todo el mundo.

ODS 5 Igualdad de género
Capítulo 3

¿Qué es la igualdad de género? Igualdad de género significa que todas las personas, sin importar su género, tienen derecho a las mismas oportunidades, recursos y garantías. El Objetivo de Desarrollo Sostenible número 5 busca promover la igualdad entre los géneros y empoderar a las mujeres y niñas del mundo.

Para muchos estudiantes, ir a la escuela es lo habitual. Salen de su casa, toman el autobús y entran al salón de clases sin pensarlo mucho. Pero en muchas partes del mundo, la educación no es un derecho garantizado. En algunos países, las niñas no siempre pueden asistir a la escuela, especialmente cuando las familias no tienen muchos recursos.

Muchas veces, las niñas reciben menos oportunidades que los niños. Algunas dejan de estudiar para ayudar en casa. Otras son obligadas a casarse muy jóvenes. La desigualdad de género no es solo un problema del pasado; sigue afectando la vida de millones de personas hoy en día.

Además de las diferencias educativas, la violencia de género es un problema global. Mujeres y niñas en muchos países no son respetadas ni tienen oportunidades o derechos básicos. Mientras una niña en un país se prepara para ir a la escuela, otra de la misma edad en otro país se prepara para casarse.

El ODS número 5 busca poner fin a la discriminación y a la violencia contra las mujeres y las niñas. Cada mujer y cada niña **merece**[1] oportunidades reales en áreas como la educación, trabajo y todos los demás aspectos de su vida.

[1]**merece** - deserves

impACTO

Toda persona debería estar segura, sin importar si está sola o con su pareja.

En algunos lugares, la educación es un derecho y todos pueden acceder a ella sin importar su género. Por el contrario, en otros todavía existen prácticas discriminatorias. Las mujeres no siempre tienen la oportunidad de recibir la misma calidad de educación que los hombres. Para muchas niñas, **luchar por sus sueños**[2] es más difícil solo porque son mujeres.

En México, en el 2025, ocurrió una decisión histórica: la Dra. Claudia Sheinbaum se convirtió en la primera mujer en llegar a la presidencia del país. Este momento fue histórico porque, bajo su liderazgo, México tendría la oportunidad de impulsar campañas contra la violencia y el **acoso sexual**[3] hacia las mujeres, y a favor de sus derechos.

[2] **luchar por sus sueños -** to fight for her dreams
[3] **acoso sexual -** sexual harrassment

Sheinbaum comentó: «Todas las mujeres somos presidentas». Su voz representa a millones de mujeres que, durante generaciones, no han tenido voz ni poder. Ella es un ejemplo de lo que una mujer puede lograr cuando tiene oportunidades reales.

La igualdad de género beneficia a toda la sociedad, no solo a las mujeres. Cuando hombres y mujeres trabajan juntos, pueden crear espacios más justos y seguros para todos. El cambio no comienza solo en los gobiernos o en las leyes; empieza dentro de nuestras comunidades. En este movimiento global, la Organización de las Naciones Unidas (ONU) lidera acciones para proteger los derechos de las mujeres y niñas en todo el mundo.

La ONU Mujeres es una agencia dedicada únicamente a promover la igualdad de género. Fue creada en el 2010 porque, antes, los departamentos de la ONU que trabajaban con temas de mujeres lo hacían por separado. Con esta unificación, empezaron a apoyar a los países a crear leyes y políticas más justas.

También pueden coordinar programas globales que empoderan a las mujeres y defienden los derechos de quienes no tienen voz. De esta manera, ONU Mujeres trabaja para que más mujeres y niñas tengan oportunidades reales en todo el mundo.

El **principio central**[4] de ONU Mujeres es: «No hay paz, no hay prosperidad, no hay desarrollo sostenible sin igualdad de género». La igualdad es la base de la prosperidad y de la sostenibilidad en el mundo; por eso, la organización trabaja para dar voz a las mujeres en todo el mundo.

[4] **principio central -** main principle

ONU Mujeres trabaja en muchas áreas importantes. Con campañas globales como HeForShe, en las que los hombres apoyan la igualdad, ONU Mujeres busca enfrentar la violencia de género. Educa a hombres y mujeres para prevenir la violencia; además ofrece refugio y apoyo a las personas que han sufrido actos violentos.

Las mujeres de Afganistán se benefician de programas de ONU Mujeres, como defender el derecho a la educación y ofrecer apoyo psicológico y legal en momentos de crisis. En la región de **África Occidental**[5] hay proyectos que buscan reducir el matrimonio infantil. ONU Mujeres también responde a desastres naturales ofreciendo servicios de protección en refugios temporales en lugares como Nepal y Haití. De esta manera, trabaja junto a mujeres de todo el mundo para garantizar sus derechos y su seguridad.

[5] **África Occidental -** West Africa

impACTO

ONU Mujeres ha logrado avances importantes, pero todavía existen muchos desafíos. En muchos países hay leyes discriminatorias que la organización busca cambiar. En contextos de conflicto, la violencia contra las mujeres aumenta de manera alarmante. Además, las crisis climáticas afectan especialmente a las mujeres y las niñas. Finalmente, muchas mujeres no tienen acceso a financiamiento estable para progresar.

ONU Mujeres demuestra que el cambio es posible cuando las niñas estudian, las mujeres lideran y las comunidades trabajan unidas. La igualdad de género no es solo un «tema de mujeres», sino un tema de justicia para todos. Las pequeñas acciones en nuestras comunidades pueden ayudar a crear un mundo más justo, seguro y con oportunidades para todas las personas.

ODS 6 Agua limpia y saneamiento
Capítulo 4

Cuando **abrimos el grifo**[1] de la cocina para tomar agua, muchas veces lo hacemos sin pensar. El agua está disponible en nuestras casas, escuelas y comunidades. Es un privilegio invisible para quienes no viven una crisis de agua.

El ODS número 6, Agua limpia y saneamiento, es importante porque busca garantizar que todas las personas tengan agua disponible y sostenible. Además, promueve el acceso al saneamiento y a la higiene en comunidades de todo el mundo.

Este objetivo es esencial porque, sin agua potable, las personas no pueden cocinar, limpiar, beber de manera segura, ni cuidar bien de su salud. Existen varias enfermedades transmitidas por el agua, como el cólera y la disentería, que causan la muerte de miles de personas cada año; la diarrea es un síntoma común de estas

[1] **abrimos el grifo** – we turn on the faucet

enfermedades. Además, los efectos del cambio climático, como **sequías e inundaciones**[2], generan más presión sobre los sistemas de agua que ya existen.

WaterAid y Water for People son dos organizaciones que trabajan para que todas las personas tengan acceso a agua limpia. Aunque actúan de manera diferente, ambas muestran lo que puede lograr una comunidad cuando realmente quiere hacer la diferencia en el mundo.

La ayuda de WaterAid y Water for People es muy importante porque una de cada cuatro de personas del mundo vive sin acceso a agua potable. Además, casi el 50 % de la población mundial no tiene acceso a un

[2] **sequías e inundaciones** - droughts and floods

saneamiento seguro, lo que aumenta el riesgo de enfermedades y afecta la calidad de vida de millones de familias.

La falta de agua y saneamiento afecta especialmente a las mujeres y a las niñas. Ellas dedican más tiempo a recolectar agua, lo que limita sus oportunidades de estudio o trabajo. Los estudiantes que van a escuelas sin letrinas faltan con más frecuencia, y las niñas, en particular, dejan de asistir durante la adolescencia.

WaterAid es una organización fundada en 1981 en el Reino Unido. Se creó cuando se reconoció a nivel mundial que el acceso al agua limpia es fundamental para la salud. Su creación fue el resultado de una colaboración entre la industria británica del agua y varias organizaciones de desarrollo internacional.

Usan el acrónimo WASH (WAter, Sanitation, and Hygiene) para representar su trabajo. WaterAid se enfoca en el agua, el saneamiento y la higiene en más de 25 países de Asia y África. Sus prioridades son educar sobre la importancia de la higiene; trabajar con los gobiernos locales para construir sistemas de agua sostenibles; instalar letrinas y **estaciones de lavado de manos**[3] en comunidades y en escuelas; y construir pozos.

Su modelo de trabajo se basa en el liderazgo local. Trabajan directamente con las comunidades para encontrar soluciones a sus problemas de agua. No solo construyen un pozo y se van; también educan a las personas locales para que puedan cuidar y mantener los proyectos. Sus técnicas, como sistemas de agua que funcionan por gravedad y **bombas solares**[4], son innovadoras y sostenibles.

Water for People fue fundada en 1961 en Denver, Colorado, Estados Unidos. Su misión es: agua para todos y para siempre. Su enfoque va más allá de construir sistemas de agua; también busca asegurarse de que las comunidades tengan acceso permanente al agua.

[3] **estaciones de lavado de manos** – hand washing stations
[4] **bombas solares** – solar pumps

Capítulo 4

Water for People trabaja en 9 países, desde América Latina hasta Asia. Su impacto incluye llevar agua a los hogares, construir letrinas y sistemas de saneamiento, formar comités comunitarios, preparar líderes locales y organizar campañas de higiene. Además, educan a emprendedores locales para que puedan mantener los sistemas que construyen.

Aunque tienen los mismos objetivos, WaterAid y Water for People son diferentes. WaterAid se enfoca más en la política y en la educación sobre la higiene, y tiene un impacto global mayor. Water for People, en cambio, está presente en menos países, pero trabaja de manera más profunda en cada comunidad. Su estrategia se centra menos en la política y más en su idea principal: agua para todos y para siempre.

Además, pone un gran énfasis en las empresas locales y en la sostenibilidad.

Tienen sus diferencias, pero ambas organizaciones creen que el agua limpia es un derecho humano. Además, trabajan directamente con las comunidades y no solo con legisladores o gobiernos. Ambas organizaciones creen que las mejores soluciones son a largo plazo, no se limita a la caridad.

Gracias al trabajo de estas organizaciones, una joven en Malawi ahora puede asistir a la escuela porque el nuevo pozo está cerca de su comunidad. En Guatemala, una comunidad formó un comité que cuida y mantiene su nuevo sistema de agua. En Ruanda, una madre ahora es emprendedora y dirige una empresa de saneamiento. Estos ejemplos muestran por qué su trabajo es tan importante.

El agua significa seguridad, dignidad, salud y oportunidades. Sin el Objetivo de Desarrollo Sostenible número 6, el progreso en los otros objetivos no avanza muy rápido. Organizaciones como WaterAid y Water for People nos muestran que la colaboración puede generar cambios permanentes y que las comunidades son más fuertes cuando los sistemas se construyen con ellas y no para ellas.

ODS 11 Ciudades y comunidades sostenibles
Capítulo 5

En todo el mundo hay personas que viven en lugares muy distintos. En estados como Montana, Estados Unidos, gran parte del territorio es rural, pero la gente que vive en las ciudades representa aproximadamente el 53 % de la población. En otros estados, como California, más del 90 % de la población vive en áreas urbanas. El Objetivo de Desarrollo Sostenible número 11 busca que las ciudades y los **asentamientos**[1] humanos sean inclusivos, seguros, resilientes y sostenibles.

[1]**asentamientos** - settlements

impACTO

En todo el mundo, más del 50 % de la población vive en ciudades. Para el año 2050, se estima que el 70 % de la población mundial vivirá en áreas urbanas. Este rápido crecimiento de las ciudades genera varios problemas.

Desde la falta de viviendas hasta el acceso desigual a servicios básicos como electricidad, educación, clínicas y transporte, la urbanización global tiene grandes impactos. Esta desigualdad hace que aumente el número de personas sin hogar y de asentamientos informales.

Los impactos del cambio climático también afectan a las ciudades de manera desigual. Los desastres naturales, como inundaciones, terremotos y huracanes, causan más daños en las zonas urbanas, donde vive más gente y donde la infraestructura es más vulnerable.

A nivel global, más de 1.6 mil millones de personas viven sin viviendas adecuadas. El acceso a casas seguras y asequibles puede ayudar a romper el ciclo de la pobreza. Por eso, el Objetivo de Desarrollo Sostenible número 11 es tan importante: busca garantizar que todas las personas, en todo el mundo, tengan un lugar seguro y digno donde vivir.

Capítulo 5

Habitat for Humanity es una organización que apoya a las familias construyendo viviendas y comunidades seguras y estables. Su trabajo es un ejemplo directo y práctico del Objetivo de Desarrollo Sostenible 11.

Habitat for Humanity es una organización benéfica fundada en 1976 en Americus, Georgia, por Millard y Linda Fuller. Hoy, Habitat for Humanity trabaja en más de 70 países y se centra en conectar con las familias para construir viviendas asequibles y sostenibles.

Una de las cosas que hace única a Habitat for Humanity es su modelo de trabajo. Este modelo se basa en asociaciones con las familias y en apoyarlas para que tomen decisiones. Por eso, no es caridad; es colaboración. Las familias que reciben las casas no las obtienen gratuitamente; contribuyen con horas de trabajo durante la construcción. Esta participación activa genera satisfacción, responsabilidad y un sentido de comunidad.

El eslogan de Habitat for Humanity, «Un mundo donde cada persona tenga un lugar digno para vivir», lo dice todo. La organización busca trabajar en colaboración con las personas de las comunidades donde construye, con la esperanza de crear un futuro mejor para todos.

Cuando Millard y Linda Fuller crearon Habitat for Humanity, lo hicieron con una filosofía central: tener un hogar es un derecho humano básico. En sus primeros proyectos, la organización y las familias construían juntas las viviendas, y las personas podían pagar sus casas con **cuotas accesibles**[2]. Los Fuller usaban ese dinero para financiar la construcción de nuevos hogares. Este ciclo permitía que más familias vivieran en lugares seguros.

En los años 80, los proyectos de la organización se expandieron a nivel global, incluyendo Zaire (hoy la República Democrática del Congo) y otros países. En 1984, el expresidente Jimmy Carter empezó a apoyar el trabajo de Habitat for Humanity. Su proyecto personal, el Carter Work Project, dio reconocimiento global a la misión de Habitat for Humanity y ayudó a inspirar a miles de voluntarios en todo el mundo.

2 **cuotas accesibles -** accessible fees

Capítulo 5

Las casas que han construido son únicas. Están adaptadas al clima local y a la cultura de cada región. Voluntarios, carpinteros profesionales y familias locales trabajan juntos para construir comunidades completas de viviendas asequibles. Lo mejor de todo es que las cuotas son accesibles porque las familias contribuyen con horas de trabajo durante la construcción, lo que reduce los costos y fortalece el sentido de comunidad.

Habitat for Humanity no solo construye casas nuevas; también hace renovaciones, reparaciones y trabajos de protección contra el clima. Además, hace adaptaciones para **personas con discapacidad**[3] y adultos mayores. Cuando hay desastres naturales, como huracanes, ayuda a reconstruir hogares y ofrece pequeños préstamos para

[3] **personas con discapacidad** - people with disabilities

mejoras. También brinda educación financiera y sobre vivienda para que las familias puedan mantener estabilidad a largo plazo. Habitat for Humanity es una organización sólida que ayuda de muchas maneras diferentes.

En todo el mundo, Habitat for Humanity sigue cambiando vidas. Sus voluntarios han trabajado en muchos países junto a las familias en la construcción de miles de viviendas. En Filipinas, después del **tifón**[4] Haiyan en el 2013, construyeron casas resistentes a las **tormentas**[5]. En América Latina, sus programas en Guatemala, Costa Rica y México se enfocan en préstamos asequibles y en el uso de materiales de construcción sostenibles.

Desde Estados Unidos hasta países de todos los continentes

[4] **tifón** - typhoon
[5] **tormentas** - storms

las iniciativas de Habitat for Humanity están mejorando la vida de muchas comunidades. Una casa no es solo una estructura: representa seguridad, estabilidad y esperanza. Sin viviendas seguras, las personas no pueden concentrarse en la educación, la salud ni en nuevas oportunidades. Por eso, las ciudades son más fuertes cuando las viviendas son justas, asequibles y resilientes.

Capítulo 6

12 PRODUCCIÓN Y CONSUMO RESPONSABLES

El consumo humano excede la capacidad del planeta para regenerar sus recursos. ¿Qué significa esto? Significa que la forma en la que consumimos hoy en día no es sostenible.

El Objetivo de Desarrollo Sostenible número 12 busca garantizar formas sostenibles de producción y consumo. Esto es importante porque nuestros hábitos actuales de consumo —como el desperdicio, la contaminación y el uso excesivo de materiales— contribuyen al cambio climático y a la pérdida de la biodiversidad.

Este objetivo tiene una conexión directa con la vida diaria de las personas en todo el mundo. Se estima que, para el año 2050, **habrá**[1] más plástico que animales en los océanos. Casi un tercio (1/3) de la comida producida se desperdicia. Además, las prácticas no sostenibles dañan a las comunidades, a los animales y a los ecosistemas.

[1] **habrá** - there will be

Cuando ponemos atención al ODS número 12, podemos tomar mejores decisiones sobre lo que comemos, la ropa que usamos, los plásticos que consumimos, la energía que utilizamos y lo que compramos, tiramos o reutilizamos. Hoy existen organizaciones que lideran este cambio. Dos grupos que están reimaginando cómo producimos, consumimos, diseñamos y protegemos el mundo son la World Wildlife Fund y la Fundación Ellen MacArthur.

La sostenibilidad tiene un rol doble en el mundo. Primero, es importante proteger la naturaleza, los ecosistemas y las especies. Además, es fundamental transformar las industrias, **fomentar**[2] la producción sostenible y reducir el desperdicio.

[2] **fomentar** - to promote

impACTO

La WWF y la Fundación Ellen MacArthur representan ideas de conservación, innovación, protección y rediseño.

La WWF fue fundada en Suiza con el objetivo inicial de recolectar fondos para proteger a las especies en peligro de extinción. Su logotipo, un panda, se ha convertido en un símbolo mundial de conservación. Aunque comenzó con la misión de proteger plantas y animales, hoy su objetivo es más grande: proteger la biodiversidad del planeta transformando la manera en que las personas consumimos los recursos.

La WWF opera en más de 100 países. Protege especies como tigres, elefantes y tortugas marinas. Además, participa en la conservación de hábitats como selvas, ríos y océanos, y en la protección de recursos naturales como el agua limpia y las pesquerías. Todo este trabajo lo realiza en colaboración con comunidades, empresas y gobiernos.

Entre sus campañas más famosas está Earth Hour, una iniciativa global en la que las personas **apagan las luces**[3] durante una hora para indicar que quieren proteger el planeta. Además, tienen varios proyectos de conservación en la Amazonía, el Congo y Borneo.

La Fundación Ellen MacArthur fue fundada en el 2010 por Ellen MacArthur, una mujer de Gran Bretaña. Durante su circunnavegación en solitario alrededor del mundo, MacArthur se dio cuenta de lo limitados que son los recursos naturales del planeta. Después de esta experiencia, reflexionó sobre el consumo humano.

Ellen MacArthur tiene una misión: acelerar la transición hacia una economía circular. ¿Qué es la economía circular? Hoy, muchos sistemas funcionan con un modelo lineal: usar y tirar. La economía circular, en cambio, busca reutilizar, renovar, reparar y reciclar los materiales. Así, los recursos pueden volver a la economía, reduciendo la extracción de nuevas **materias primas**[4] y la contaminación.

La Fundación Ellen MacArthur trabaja con empresas importantes como Nike, Unilever y Google para cambiar sus prácticas. Colabora con diferentes gobiernos y ciudades para mejorar leyes y políticas públicas, y se

[3] **apagan las luces** – they turn off the lights
[4] **materias primas** – raw materials

conecta con escuelas y universidades para educar a los estudiantes sobre la importancia de consumir menos y productos de mejor calidad.

Sus iniciativas incluyen desafíos de diseño circular, la transformación de los sistemas alimentarios y el proyecto The New Plastics Economy, que aplica los principios de la economía circular a los envases de plástico en todo el mundo. La fundación pone un gran énfasis en la investigación y la educación.

Uno de sus mayores impactos es el movimiento Global Plastics Pact, que busca eliminar el plástico innecesario y promover sistemas de producción y reciclaje más responsables.

Ambas organizaciones se enfocan en la conservación: protegen la biodiversidad y los ecosistemas, y trabajan para lograr que las industrias agrícolas y pesqueras sean más sostenibles, además de reducir el daño causado por los sistemas actuales.

Las dos son necesarias: la WWF protege lo que ya tenemos, mientras que la Fundación Ellen MacArthur reimagina cómo producimos y consumimos para cuidar nuestro futuro. Juntas nos ayudan a usar los recursos naturales de manera sostenible, reducir el desperdicio,

proteger la naturaleza y cambiar nuestros hábitos y sistemas.

Cada producto que compramos tiene una historia. Desde los materiales con los que **está hecho**[5] hasta las personas que lo produjeron, lo usaron o lo tiraron, todo tiene un impacto. El consumo responsable significa pensar antes de consumir, tomar mejores decisiones y generar menos desperdicio. Los consumidores conscientes y las empresas innovadoras pueden cambiar el mundo.

[5] **está hecho** - it is made

Glosario

a: at, to
abrimos: we open
acceder: to access
accesibles: accessible
acceso: access
acciones: actions
acelerar: to accelerate
acoso: harassment
  acoso sexual: sexual harassment
acostumbradas: accustomed
acrónimo: acronym
active: active
activamente: actively
actos: acts
actúa: acts
actuales: current
actúan: they act
adaptaciones: adaptations
adaptadas: adapted
adaptarse: to adapt
adecuadas: adequate
además: in addition
adolescencia: adolescence
adultos: adults
afecta: affects
afectados(as): affected
afectan: they affect
afectando: affecting
afectó: affected
Afganistán: Afghanistan
África: Africa
agencia: agency
agrícolas: agricultural
agricultura: agriculture
agua: water
ahora: now
al: at the, to the
alarmante: alarming
algunas(os): some
alimentación: nutrition
alimentar: to feed
alimentaria
  seguridad alimentaria: food security
  inseguridad alimentaria: food insecurity
alimentarios
  sistemas alimentarios: nutrition systems
alimentarse: to feed itself
alimentos: foods

allá
  más allá de: further than
allí: there
alrededor: around
Amazonía: Amazon
ambas: both
América: America
animales: animals
año(s): year(s)
antes: before
apagan: they turn off
aplica: applies
apoya: supports
apoyan: they support
apoyar: to support
apoyarlas: to support them
apoyo: support
aprendió: learned
aproximadamente: approximately
áreas: areas
asegurarse: to assure themselves
asentamientos: settlements
asequibles: accessible
Asia: Asia
asistencia: assistance
asistir: to attend
asociaciones: associations
aspectos: aspects
Asturias: Asturias, an autonomous community in Spain
ataques: attacks
atención: attention
atrocidades: atrocities
aumenta: increases
aumente
  hace que aumente: causes it to rise
aunque: although
autobús: bus
autónoma
  comunidad autónoma: autonomous community, a self-governing region of Spain like a state in the United States
autorización: authorization
avances: advances

avanza: advances
ayuda: help, helps
ayudado: helped
ayudan: they help
ayudar: to help
ayudarnos: to help us
ayudó: helped
bajo: under
basa
  se basa en: is based on
base: base
básica: basic
básico(s): basic
beber: to drink
bebés: babies
benéfica(s)
  organizaciónes benéficas: charitable organizations
beneficia: benefits
benefician: they benefit
bien: well
bienestar: wellbeing
biodiversidad: biodiversity
bombardeos: bombings
bombas: bombs
Borneo: Borneo, an island in Asia
Bretaña
  Gran Bretaña: Great Britain
brinda: provides
brindó: provided
británica: British
burocracia: bureaucracy
busca: looks for
buscan: they look for
cabo
  llevó a cabo: carried out
cada: each
calidad: quality
calientes: hot
calorías: calories
cambiando: changing
cambiar: to change
cambió: changed
cambio(s): change(s)
campamentos: camps
campañas: campaigns
capacidad: capacity
capital: capital
característica(s): characteristics
caridad: charity

carpinteros: carpenters
casa(s): house(s)
casarse: to get married
casi: almost
causa: cause, causes
causada(o): caused
causan: they cause
causando: causing
celebrado: celebrated
centra
se centra: is centered
central: central
cerca: close
cero: zero
chef(s): chef(s)
ciclo: cycle
circular: circular
circunnavegación: circumnavigation
cirujanos: surgeons
ciudades: cities
civil: civil
claro: clear
clases: classes
clima: climate
climáticas: climate
climático: climate
clínicas: clinics
cocina(s): kitchen
cocinándola: cooking it
cocinar: to cook
colabora: collaborates
colaboración: collaboration
cólera: Cholera (a severe bacterial infection of the intestines)
combatir: to fight, to combat
comemos: we eat
comentó: commented
comenzó: began, started
comer: to eat
comida(s): food
comienza: begins, starts
comité(s): committee(s)
como: like, as
cómo: how
completas: complete
compramos: we buy
comprender: to comprehend, to understand
común: common
comunidad(es): communities
comunitario(s): community

con: with
concentrarse: to concentrate
conciencia: conscience
condiciones: conditions
conecta: connects
conectar: to connect
conexión: connection
conflicto(s): conflict(s)
confort: comfort
Congo: Democratic Republic of the Congo refers to two countries in Central Africa
conscientes: conscious
conservación: conservation
considera: considers
consideran: they consider
construcción: construction
construían: they built
construido: built
construir: to build
construye: builds
construyen: they build
construyendo: building
construyeron: they built
construyó: built
consumidores: consumers
consumimos: we consume
consumir: to consume
consumo: consumption
contaminación: contamination
contextos: contexts
contiene: contains
continents: continents
continúa: continues
continúan: they continue
continuaron: they continued
contra: against
contrario
por el contrario: on the contrary
contratan: they contract, they hire
contribuye: contributes
contribuyen: they contribute
convertido: converted
convertirse: to convert
convirtió: converted
coordinar: to coordinate
correctos: correct
cosas: things

Costa
  Costa Rica: a rugged, rainforested Central American country
costos: costs
crea: creates
creación: creation
creada: created
crear: to create
crearon: they created
creatividad: creativity
crece: grows
crecimiento: growth
cree: believes, thinks
creen: they believe, they think
creían: they believed, they thought
creó: believed, thought
crisis: crisis
cuando: when
cuatro: four
cuenta
  se dio cuenta: he realized; she realized
cuestión: question
cuida: takes care of
cuidar: to take care of
cuidó: took care of
culinarias: cooking
cultura: culture
cuotas: quotas
curiosidad: curiosity
daba: gave
dañan: harm
daño(s): damage
dar: to give
de: from, of, about
debe: should
deben: they should
debería: should
debían: should
decidió: decided
decisión: decision
decisiones: decisions
dedicada(o): dedicated
dedican: they dedicate
defender: to defend
defienden: they defend
definido: defined
dejan
  dejan de: they stop

del: from the, of the
demás: other
Democrática
República Democrática del Congo: Democratic Republic of the Congo refers to two countries in Central Africa
demostraron: they demonstrated
demuestra: demonstrates
dentro: in
departamentos: departments
derecho(s): right(s)
desafíos: challenges
desarrollo: development
desastres: disaster(s)
desde
desde...hasta: from...to
desigual: unequal
desigualdad: inequality
desperdicia
se desperdicia: is wasted
desperdicio: waste
desplazamiento: displacement
después: after
destruida: destroyed
devastador: devastating
día: day
diaria: daily
diarrea: daily
días: days
dice: says
diferencia(s): differences
diferente(s): different
difícil(es): difficult
digna(o): dignified
dignidad: dignity
dinero: money
dio: gave
directa(o): direct
directamente: directly
dirige: direct
discapacidad: disability
disciplina: discipline
discriminación: discrimination
discriminatorias: discriminatory
diseñamos: we design
diseño: design
disentería: dysentery
disponible: available

distintos: distinct, different
doble: double
documentos: documents
Dominicana
La República Dominicana: The Dominican Republic, an island nation in the Caribbean
donaciones: donations
donde: where
dos: two
durante: during
Ébola: Ebola virus, a severe often fatal illness in humans and primates
economía(s): economies
ecosistemas: ecosystems
edad(es): age(s)
educa: educates
educación: education
educan: they educate
educar: to educate
educativas: educational
efectos: effects
ejemplo(s): example(s)
el: the
elBulli: Spanish restaurant owned by famous chef Ferran Adrià
electricidad: electricity
eléctrico: electric
elefantes: elephants
elevados: elevated
eliminar: to eliminate
ella: she
ellas(os): them
embarazadas: pregnant
emergencia: emergency
emigró: emigrated
empaquetadas: packaged
empezar: to start, to begin
empezaron: they started, they began
empezó: started
empieza: starts
empoderan: they empower
empoderar: to empower
emprendedora: entrepreneur
emprendedores: entrepreneurs
empresa(s): companies
en: in

encontrar: to find
energía: energy
énfasis: emphasis
enfermedad(es): illness(es)
enfermeros: nurses
enfoca: focuses
enfocan: they focus
enfoque: focus
enfrentar: to face
enorme: enormous
enseñó: taught
entran: they enter
entrar: to enter
entre: between
envases: packaging
envía: sends
épicas: epic
epicentro: epicenter
epidemias: epidemics
equipadas: equipped
equipo(s): team(s)
era: was
es: is
esa(o): that
escaparon: they escaped
escolares: school
escuchan: they listen to
escuela(s): school(s)
ese: that
esencial: essential
eslogan: slogan
espacios: spaces
España: Spain, a large country in southwestern Europe
español(a): Spanish
especialistas: specialists
especializados: specialized
especialmente: especially
especies: species
específicas: specifics
esperanza: hope
esperar: to wait
esposa: wife
esta(o): this
está: is
estaba: was
estaban: they were
estabilidad: stability
estable(s): stable
estaciones: stations
Estados
 Estados Unidos: the United States, a federal republic in North America

estamos: we are
están: they are
estar: to be
estas(os): these
este: this
estima
  se estima: it is estimated
estómagos: stomachs
estrategia: strategy
estructura: structure
estudian: they study
estudiantes: students
estudiar: to study
estudio: study
evento: event
excede: exceeds
excepcional: exceptional
excesivo: excessive
existen: they exist
expandieron: they expanded
expandió: expanded
experiencia: experience
expresidente: expresident
extinción: extinction
extracción: extraction
extrema: extreme
falta: lack
faltan: they miss
familia(s): family, families
familiares: familiar
famosas: famous
famoso: famous
farmacéuticos: pharmaceutical
favor
  a favor de: in favor of
Filipinas: an archipelagic country in Southeast Asia
filosofía: philosophy
fin: end
finalmente: finally
financiamiento: financing
financiar: to finance
financiera: financial
físicas: physical
fomentar: to promote
fondos: funds
forma(s): form(s)
formación: formation
formar: to form
formó: formed
fortalece: strengthens
Francia: France, a large country in Western Europe

frecuencia: frequency
frescos: fresh
fronteras: borders
fue: was
fuerte(s): strong
funciona: functions, works
funcionaban: they functioned, they worked
funcionan: they function, they work
fundación: foundation
fundada: founded
fundamental: fundamental
fundó: founded
futuro: future
garantías: guarantees
garantizado: guaranteed
garantizar: to guarantee
Gaza: Gaza City, the capital of the Gaza Governorate
genera: generates
generaciones: generations
generan: they generate
generar: to generate
género(s): gender(s)
generosidad: generosity
gente: people
Georgia: a State in the Southeastern United States
global(es): global
gobierno(s): government(s)
Google: a technology company known for its search engine
gracias: thanks
gran: great
grande(s): big
gratuitamente: for free
grave: serious
gravedad: gravity
Grecia: Greece, a Southeastern European country
grifo: faucet
grupo(s): group(s)
Guatemala: a Central American country
gubernamentales: governmental
guerra: war
gusten
  les gusten a: are pleasing to, they like

ha: has
hábitats: habitats
hábitos: habits
habitual: habitual
hablar: to speak
habrá: there will be
hace: makes, does
hacemos: we do
hacer: to do
hacía: he made
hacia: toward
hacían: they did
Haití: an island nation in the Caribbean
Haiyan: a typhoon that hit the Philippines in 2013
hambre: hunger
han: they have
hasta: until
  desde...hasta: from...to
hay: there is, there are
hecho
  está hecho: is made
herida(s): wounds, injuries
hicieron
  lo hicieron: they did it
hídricos
  ingenieros hídricos: water engineers
higiene: hygiene
historia: story
histórica(o): historical
hogar(es): homes
hombres: men
hora(s): hour(s)
hospitales: hospitals
hoy: today
humanidad: humanity
humanitaria: humanitarian
humanitarios: humanitarian
humano(s): human(s)
huracanes: hurricanes
idea(s): idea(s)
ideología: ideology
igualdad: equality
impactos: impacts
importancia: importance
importante(s): important
importar: to matter
imposible: impossible
impulsa: boosts
impulsar: to boost
incluía: included

inclusivos: inclusive
incluso: including
incluye: includes
incluyen: they include
incluyendo: including
incluyeron: they included
independencia: independence
independiente: independent
indica: indicates
indicar: to indicate
industria: industry
industrias: industries
infantil: child
influenciada: influenced
influye: influences
informales: informal
infraestructura: infrastructure
ingenieros: engineers
ingredientes: ingredients
ingresan: they go into
ingresar: get in
inicial(es): initial
iniciativa(s): iniciatives
injusticias: injustices
innecesario: unnecessary
innovación: innovation
innovador(a): innovative
innovadoras: innovative
inseguridad: insecurity
inspirar: to inspire
instala: installs
instalaciones: installations
instalan: they install
instalar: to install
internacional: international
inundaciones: floods
investigación: investigation
invisible: invisible
ir: to go
joven: young person
jóvenes: young people
juntas(os): together
junto: together
justas(os): fair
justicia: justice
justo: fair
Kenia: Kenya, a country in East Africa
la: the, it, her
labor: labor
largo: long
las: the, them

Latina: a woman or girl of Latin American origin or descent
lavado
  lavado de manos: hand washing
le: to a person, for a person
legal: legal
legisladores: legislators
les: to them, for them
letrinas: latrines, a communal toilet or outhouse
leyes: laws
lidera: leads
lideran: they lead
liderazgo: leadership
líderes: leaders
limita: limit
limitados: limited
limpia: clean
limpiar: to clean
lineal
  modelo lineal: linear model
llega: arrives
llegan: they arrive
llegar: to arrive
llenaba: filled
llevaban: they were wearing
llevan: they lake
llevar: to take; taking
llevó: took
  llevó a cabo: carried out
lo: it; him
local(es): local
logotipo: logo
logrado: accomplished
lograr: to accomplish
los: the, them
luces: lights
luchar: to fight
lugar(es): place(s)
madre(s): mother(s)
magnitud: magnitude
malaria: malaria, a life-threatening disease caused by a parasite
Malawi: Malawi, a landlocked country in Southeast Africa
manera(s): manner(s), way(s)
manos: hands
mantener: to maintain
mantiene: maintains

marinas: marine
más: more
materiales: materials
materias: subjects
materna: maternal
matrimonio: marriage
mayor: greater, greatest
mayores: older, major
médica(o): medical
médicas(os): medical, doctors
medicina: medicine
medio
  en medio de: in the middle of
mejor: better
mejorando: improving
mejorar: to improve
mejoras: improvements
mejores: better, best
menos: less
mental: mental
merece: deserve
México: Mexico, a North American country
miedo: fear
miembros: members
mientras: while
mil(es): thousand(s)
millones: millions
misión: mission
misma(s): same
mismos: same
modelo: model
moderada: moderate
modernos: modern
momento(s): moments
Montana: a mountainous US state in the west
moría: would die
mortalidad: mortality
móviles: mobile
movimiento: movement
MSF: Médicos sin Fronteras, Doctors without Borders
mucha(s): a lot
mucho(s): a lot
muerte: death
muestra: shows
muestran: they show
mujer: woman
mujeres: women
mundial: world, worldwide
mundo: world
muriendo: dying

mutuamente: mutually
muy: very
nacionales: national
naciones: nations
naturales: natural
naturaleza: nature
necesaria(s): necessary
necesidad(es): necessities
necesitan: they need
Nepal: Nepal, a landlocked country in South Asia
neutral(es): neutral
ni: not, nor
Nicaragua: a Central American republic
Nike: a major American sportswear company
niña(s): girl(s)
niños: boys
nivel(es): level(s)
no: no, not
nos: us, to us, for us
nuestras(os): our
nuestro: our
nuevas(os): new
nuevo: new
número: number
nutrición: nutrition
objetivo(s): objectives
obligadas: obligated, required
observaban: they observed
observaron: they observed
obtienen: they obtain
Occidental: west
  África Occidental: West Africa
océanos: oceans
ocurre: occurs
ocurrió: occurs
ODS: Objetivo de Desarrollo Sostenible
oficial: official
ofrece: offers
ofrecen: they offer
ofrecer: to offer
ofreciendo: offering
ONU: Organización de las Naciones Unidas
opera: operates
operación: operation
oportunidad: opportunity
oportunidades: opportunities
optimismo: optimism
organización: organization

organizaciones: organizations
organizar: to organize
otra(o): other
otras(os): other
pacientes: patients
paella: paella, a Spanish dish of rice, saffron, chicken, seafood
pagar: to pay
país: country
países: countries
panda: panda
papá: dad
para: for
pareja: couple
parte(s): part(s)
participa: participates
participación: participation
participar: to participate
particular: particular
pasado: past
pasión: passion
pasivos: passive
paz: peace
peligro: danger
peligrosa(s): dangerous
peligrosos: dangerous
pensar: to think
pensarlo: to think about it
pequeñas(os): small, little
pequeño: small, little
pérdida: loss
perdido: lost
perfectos: perfect
permanente(s): permanent
permite: permits
permitía: permitted
permitió: permitted
pero: but
persona: person
personal: personal
personas: people
pesqueras: fishing
pesquerías: fisheries
plan: plan
planeta: planet
plantas: plants
plástico(s): plastic(s)
platos: plates
plazo
  a largo plazo: long term
población: population
pobreza: poverty

podemos: we can
poder: power, to be able to
podía: could
podían: they could
política(s): political
politicos: politicians
pone: put
ponemos: we put
poner: to put
por: by, because of, for
  por el contrario: on the contrary
  por eso: that's why
porque: because
posible: possible
potable: safe to drink, drinkable
pozo(s): well(s)
prácticamente: practically
prácticas: practices
práctico: practical
precisión: precision
prepara: prepares
preparar: to prepare
presentando: presented
presente(s): present
presidencia: presidency
presidentas: presidents
presión: pressure
préstamos: loans
prevenibles: preventable
prevenir: to prevent
preventive: preventative
primas: cousins
primera(o): first
primeros: first
principal: main, principal
Príncipe
  Puerto Príncipe: Port-au-Prince, the capital of Haiti
principio: beginning
principios: principles
prioridades: priorities
privilegio: privilege
problema(s): problem(s)
proceso: process
producción: production
producida: produced
producimos: we produce
producto(s): product(s)
produjeron: they produced
profesionales: professionals
profunda: deep, profound

profundamente: deeply, profoundly
programa(s): programs
progresar: to progress
progreso: progress
promover: to promote
promueve: it promotes
propia: own
proporciones: proportions
prosperidad: prosperity
protección: protection
protege: protects
protegemos: we protect
protegen: they protect
proteger: to protect
protegiendo: protecting
provienen: they come from
proyecto(s): project(s)
psicológico: psychological
psicólogos: psychologists
públicas: public
puedan
  para que puedan: so that they can
puede: can
pueden: they can
Puerto
  Puerto Príncipe: Port-au-Prince, the capital of Haiti
que: that
qué: what
quería: wanted
quienes: who
quiere: wants
quieren: they want
rápida(s): fast
rápidamente: quickly
rapidez
  con rapidez: quickly
rápido: fast
raza: race
reales: real
realiza: performs
realmente: really
receptores: recipients
reciben: they receive
recibió: received
recibir: to receive
reciclaje: recycling
reciclar: to recycle
recolectar: to collect
reconocido: recognized

reconocimiento: recognition
reconoció
se reconoció: was recognized
reconstrucción: reconstruction
reconstruir: to rebuild
recursos: resources
rediseño: redesign
reduce: reduces
reduciendo: reducing
reducir: to reduce
reflexionó: reflected
refugiados: refugees
refugio(s): refuges
regenerar: to regenerate
región: region
regiones: regions
reimagina: reimagines
reimaginando: reimagining
Reino
Reino Unido: United Kingdom, a sovereign country comprising England, Scotland, Wales, and Northern Ireland
religión: religion
renovaciones: renovations
renovar: to renovate
reparaciones: repairs
reparar: to repair
reporteros: reporters
representa: represents
representan: they represent
representar: to represent
República
República Dominicana: The Dominican Republic, a Caribbean island nation
República Democrática del Congo: Democratic Republic of the Congo refers to two countries in Central Africa
resilientes: resilient
resistentes: resistant
respeta: respects
respetadas: respected
responde: responds
responden: they respond
responder: to respond
respondieron: they responded
responsabilidad: responsibility

responsable(s): responsible
restaurante: restaurant
resultado: result
reutilizamos: we reutilize, we reuse
reutilizar: to reutilize, to reuse
revelar: to reveal
Rica
  Costa Rica: a rugged, rainforested Central American country
riesgo: risk
ríos: rivers
riqueza: wealth
rol: role
romper: to break
ropa: clothing
Ruanda: Rwanda, a landlocked country in East Africa
rural: rural
salen: they leave
salón
  salón de clases: classroom
salud: health
saludable: healthy
salvando: saving
salvar: to save
salvaron: they saved
saneamiento: sanitation
sarampión: measles
satisfacción: satisfaction
se: himself, herself, themselves
sean
  que sean: that they are
secretos: secrets
segura(s): secure, safe
seguridad: security
seguro(s): secure, safe
selvas: rainforests
sentido: sense
separado: separated
sequías: droughts
ser: to be
servicio(s): service(s)
servir: to serve
sexual
  acoso sexual: sexual harassment
si: if

sido
  ha sido: has been
siempre: always
significa: means
sigue: continues
siguen: they continue
silencio: silence
símbolo: symbol
sin: without
sino
  sino que: but
síntoma: symptom
Siria: Syria, a country in West Asia on the Mediterranean coast
sirve: serves
sistema(s): system(s)
sitio: site
situación: situation
situaciones: situations
sobre: about, over
sobrevivientes: survivors
sobrevivir: to survive
sociedad: society
sola(o): only, alone
solares: solar
sólida: solid
solitario: solitary
soluciones: solutions
somos: we are
son: they are
sostenibilidad: sustainability
sostenible(s): sustainable
su(s): his, her, their
Sudán: a North African country known for rich history
sueños: dreams
sufría: suffered
sufrido: suffered
Suiza: Switzerland, a landlocked, mountainous federal republic in Central Europe
sur: south
también: also, too
tan: so, as
tardaba: it took a long time
tarde: late
técnicas: techniques
televisión: television
tema(s): theme(s)
temporales: temporary
tendría: would have

tenemos: we have
tener: to have
tenga: has
tengan
  que tengan: that they have
tenía: had
tenían: they had
tenido: had
tercio: third
terremoto(s): earthquake(s)
territorio: territory
tiempo: time
tiene: has
tienen: they have
tifón: typhoon
tigres: tigers
tiramos: we throw away
tirar: to throw away
tiraron: they threw away
toda(s): all, every
todavía: still
todo(s): all, every
toman: they take
tomar: to take
tomen: they take
tormentas: storms
tortugas: turtles
trabaja: works
trabajaban: they work
trabajado: worked
trabajadores: workers
trabajan: they work
trabajando: working
trabajar: to work
trabajo(s): job(s)
trabajó: worked
tradicional: traditional
tradiciones: traditions
transformación: transformation
transformando: transforming
transformar: to transform
transición: transition
transmitidas: transmitted
transporte: transportation
trata: tries
tratamientos: treatments
trauma: trauma
través
  a través de: through
tsunamis: tsunamis

tuberculosis: Tuberculosis, an airborne, bacterial infection that primarily affects the lungs
un(a): a, an
única(s): unique
únicamente: uniquely
único: unique
Unidas
  La Organización de las Naciones Unidas (ONU): The United Nations (UN)
Unido
  Reino Unido: The United Kingdom, a sovereign country comprising England, Scotland, Wales, and Northern Ireland
Unidos
  Estados Unidos: The United States, a federal republic in North America
unificación: unification
Unilever: Unilever, a British-Dutch consumer goods giant
universidades: universities
uno: one
urbanas: urban
urbanización: urbanization
usaban: they used
usamos: we used
usan: they use
usar: to use
usaron: they used
usó: used
uso: use
utilizamos: we utilize, we use
va: goes
vacunación: vaccination
vacunas: vaccines
valor: valor, bravery
van: they go
varias(os): various, a few
veces: times
verdaderamente: truly
víctimas: victims
vida: life
vidas: lives
violencia: violence

violentos: violent
visita: visits
vive: lives
viven: they lived
vivían: they lived
vivienda(s): dwelling(s), home(s)
viviendo: living
vivieran: they live
vivir: to live
vivirá: will live
voluntario(s): volunteer(s)
volver: to return
voz: voice
vulnerable(s): vulnerable
ya: already
Zaire: former name of the Democratic Republic of Congo
Zambia: a landlocked Southern African country of diverse wildlife
zona(s): zone(s)

Resources from the same author:

El espíritu de Xólotl:

Xoli es un pequeño axolote que se siente diferente a los demás. Mientras sus amigos juegan y se ríen, Xoli se pregunta por qué no encaja del todo. Pero cuando aprende una misteriosa leyenda sobre el antiguo dios Xólotl, todo cambia.

Disponible en Amazon y en <u>somewheretoshare.com</u>

More resources:
Scan these codes for more information or visit: bit.ly/s2scurricula

Join us for book club L'esprit de Mélusine and El espíritu de Xólotl

Huellas program for Spanish students.
Niveles 3 y 4

Empreintes Program for French Students.
Niveles 3 y 4

More Resources from Carrie Toth

Available on WaysidePublishing.com

About the Author

Carrie Toth is a National Board Certified Spanish teacher with over 30 years of classroom experience. She is the author of the Huellas and Empreintes curriculum series, El espíritu de Xólotl, and numerous readers and instructional resources used by teachers across the United States and abroad. Carrie specializes in proficiency-based, acquisition-driven instruction and is a frequent presenter at state, regional, and national conferences, including ACTFL and Central States. Her work centers on building global citizenship through meaningful language use, cultural inquiry, and human connection in the world language classroom.

Follow the Author

On Instagram @somewhere.to.share
On Facebook: www.facebook.com/somewheretoshare
Blog and Store: SomewheretoShare.com
Teachers Pay Teachers: Somewhere to Share

Made in the USA
Monee, IL
03 November 2026

67383406R00046